我鼓励你勇敢地面对一切问题

我有一只霸王龙 外传

# 关关的世界

杨杨／文　赵闯／绘

青岛出版集团 | 青岛出版社

谨以此

赞美勇气之书

献给

独一无二的你

杨杨和赵闯科学童话

我是关关，一个女孩儿。我想不出该在女孩儿前面加一个什么形容词。是的，我们谁又能被一个词来定义呢！？

我过着很有意思的生活，至少我觉得它是有趣的，这就足够了。我们的世界不就是由我们自己来感知的吗？

变色龙杰克逊喜欢和我打乒乓球。可如果它输了，它就会不高兴地朝我吐舌头。

我当然也会吐着舌头对它做鬼脸。我们是朋友，可此刻是一场真正的比赛。

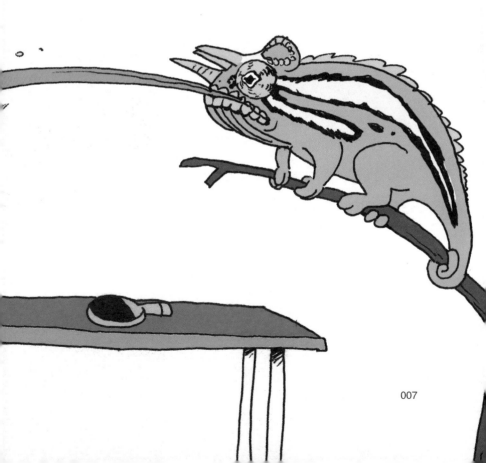

我总是和蜗牛玩象棋。它输了可不会不高兴——只会伤心地哭。

我只好安慰它，我们一生都在努力学习如何以优雅的姿态面对失败。输棋不是件坏事。

　　我会耐心地给小鳄鱼喂食。这听起来有些可怕，可别忘了它只是一只没长大的鳄鱼。

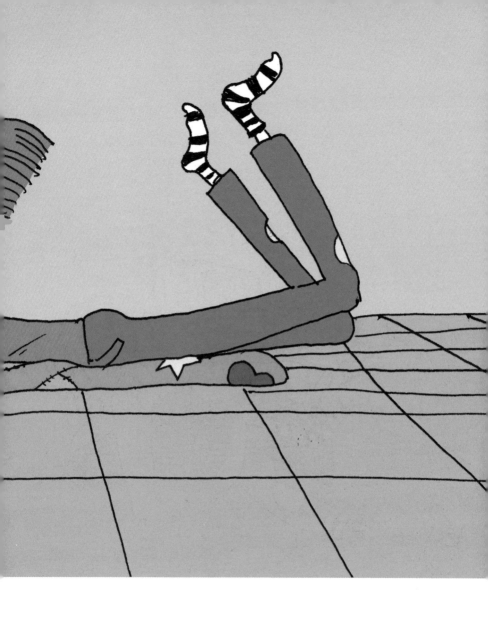

做一件事情的时机很重要。它能让冒险变成有趣。

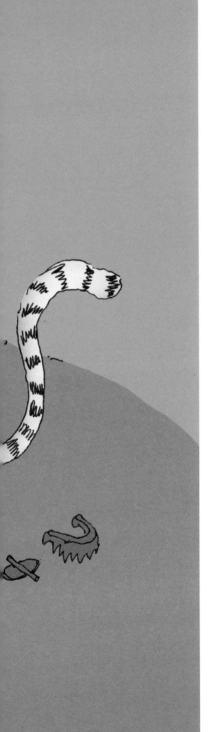

没有人会相信老虎曾经温柔地让我将它的爪子抱在怀里，因为他们不会想到老虎也有需要我帮助的时刻。

我会奋不顾身地照顾那只没有妈妈的幼鹰。它真的好可怜，虽然它只是我倒吊在树上玩耍时偶然发现的。

我会淋着雨为小鸟们撑伞。

有时候我只顾着展现自己的爱心，

却忘记自己其实也能躲在伞下。

我会像特工一样，一棵树一棵树去找那些饥饿的鸟。哦，也许那只犀鸟并不饿，它只是被强行喂了一个苹果。谁知道呢！

其实，不光是鸟，我还找到藏在树洞里的松鼠。我温柔地剥好橡子，强迫，哦，不，是鼓励它吃下去。

我还会给小象洗澡，只是它的妈妈
不是那么理解我。我一点儿也不在意，
我总是能站在别人的立场上想问题。

即便我和别人发生了激烈的争执，我也会试着理解他。这并不是因为懦弱，而是因为我是那么爱自己。只有理解了别人，我才能将自己从负面情绪中拯救出来。

我是一个喜欢快速行动的人，想到什么事情就要立即去做，有时候甚至等不了泡一碗面的时间。

我可忘不了那次惊心动魄的跳窗经历。我抓着壁虎的尾巴，却忘记了它的尾巴是那么容易断。看来，走楼梯的这点儿时间可没什么好节省的。

我为蜈蚣的每只脚都做了合
适的鞋子，希望它穿上之后能像
我走得那么快。

我希望能快速掌握啄木鸟的技能，好分担它的
工作，把藏在树里的害虫通通抓出来。

我想要把考拉从睡梦中叫醒，
好让它们能吃到更多的桉树叶。

为了让鸵鸟跑得更快，我会冒着生命危险抢走它的蛋。愤怒中的它，可能永远也没办法体谅我的苦心。

　　甚至，当我看着站在大石
上的棕熊一边流口水，一边盯
着河里的鱼儿犹豫不前时，我
做出了一个大胆的决定：偷偷
地走到它身后，帮它下决心。

可是，想让所有事情都快起来只是我的准则。我又有什么理由去要求它们呢？我从没问过它们是否真的需要我的帮助。

　　我以为从鹈鹕的嘴里抢走
了鱼儿，便拯救了鱼儿的世界，
可是我想过鹈鹕吗？它们不是
在欺负鱼儿，它们只是在吃饭。
鱼或者鹈鹕，这是它们无法改
变的角色。

我以为把蜘蛛从网上拽下来，那只蜻蜓就会得救。可是蜘蛛不会停止织网，我也救不了所有蜻蜓。

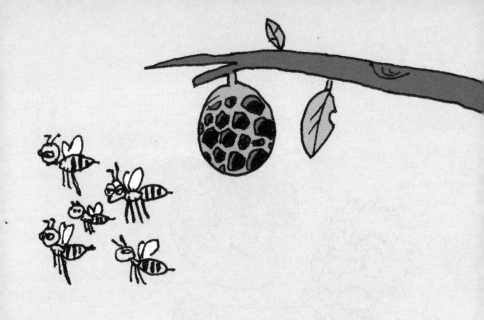

　　我把花盆紧紧地抱在怀里，不想让吓人的蜜蜂靠近美丽的花朵。可是我忘记了，如果没有蜜蜂给花朵授粉，那些果树又怎么能结出甜美的果实？

有时，我们总是理所当然地以为我们是在为对方着想，所以我们做的一定就是对的，但这恰恰可能就是一个错误的开始。

就像那只小独角鲸完全不需要我去拯救一样，我从来都不是这个世界的救世主。如果我能够为自己的人生担负起全部责任，那我就已经很了不起了。

051

大多数时间，我的生活被别人眼中那些无聊的事情占据着。我会和那只火烈鸟比一比：究竟谁才是那汪水中最优雅的仙子？

我会把两根香蕉放在额头上假装是角，然后得意地看着牛对我露出无奈的表情。哈哈哈，我觉得好有趣!

我把伞撑开，和伞蜥比比谁更厉害。我画在伞上的那张讨厌的脸，彻底激起了伞蜥的斗志。

有时候我抵着鼻子能跟蛞蝓玩上
一天。这不是一种奇特的动物。如果我
说出它的另一个名字——鼻涕虫，你大
概就认识了。这听起来似乎有些恶心，
可实际上我只是对软体动物比较好奇。

我学着兔子的样子，把头发竖起来当作耳朵。我知道兔子不会把我当成同类，可我只是在自娱自乐，又何必在乎兔子的想法。

我们该把一切时间都用来学习知识吗？当然不是。我觉得我们还要学习如何从容有趣地生活。否则，我们可能永远都感受不到生活的乐趣。

说实在的，在浪费时间上我总是一把"好手"。我可以花一下午的时间制作一个特别的弹弓，套在瞪羚的角上，一起来吓唬那只淘气的鸟。

我会花一个月的时间织一条长长的围巾，献给邻居家那只亲爱的长颈鹿，然后为自己的坚持和精湛的技艺所感动。

我会目不转睛地盯着那只曾经咬过我的蚊子，
想要好好地研究它为什么能够如此强大。也许有一

天它和同伴就会攻陷据说目前它们唯一没有"涉足"的地方——南极洲。

　　我也会用两根铅笔假装象牙，跳到水中和那只海象一较高下。不管我假扮多少次，飞溅的水花和十足的气势，总是让海象信以为真。

"浪费时间"没有那么容易学会，它需要身体里充满对生活最饱满的感受力。我很庆幸自己懂得如何"浪费时间"，也知道生活值得我们每一个人好好地过。

"浪费"的时间最好用来做什么？创造。无论是时间还是空间，都可以在我们的创造中变得无限。也许这就是我们所追求的生命的意义。

我对生活中的每一件小事都充满好奇，对每一件大事也都从不畏惧。我能像一个理发师一样，不需要听取狮子的意见，而从容地决定狮子该拥有什么样的发型。

我会挑选这季的潮流色，宠溺地涂到大猩猩的嘴唇上。它不会发表什么不同意见，因为它知道虽然我们同属于人科，可我的智力比它高，审美也比它强。

我会拿着一包辣椒把鲨鱼吓跑。我想它害怕的或许不是辣椒，而是我那张毫不畏惧的脸庞。

我能制服恶狗和毒蛇，不是因为我勇猛无比，而是我找到了别人想不到的方法。

当我穿上铠甲，拥有盾牌和剑，我便成了真正的战士，我也不再惧怕那些充满食肉欲望的食人鱼。

　　我相信我是勇敢的，但勇敢不是与生俱来的，是脑海中冒出千百次退缩的念头时，我告诉自己"一定可以的"那最后的坚持。

独处的时光总是快乐的，因为我们常常处在被打扰的日子里，无法独立思考，也失去了自己愉悦自己的能力。

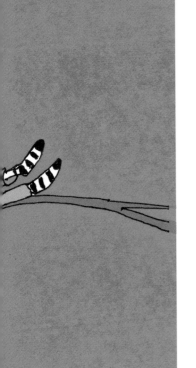

　　然而，这样的快乐很容易被击碎，仿佛不管是谁，都有权到你的生活中指手画脚。就好比，我只是想安静地在树上待一会儿，可那只树懒偏要指导我该如何待在树上。

我不过是想吃一个甜甜的冰激凌，可青蛙告诉我吃甜食对身体有害，所以它宁愿帮我吃掉。

其实，我想要体会成长中的每一个时刻，也想体验每一种感觉，无论是甜蜜的还是痛苦的。我需要用自己的方式走过脚下的每一寸土地，而不需要你来告诉我如何走得更快。

我要用自己的眼睛看向遥远的未来，而不需要你告诉我那里都有什么。也许我能看到你永远都看不到的东西。

我希望用自己的方式吹奏出一首属于自己的生活之歌，而不必在意你是否觉得好听，因为你的看法不是我评价自己生活的标准。

但是，我依然需要你，强
烈地需要你，我的亲人和朋友。
我们是不一样的，是独立的，
但这并不妨碍我们彼此相爱。

我会真诚地爱你，不会因为你闪闪发光就喜欢你，也不会因为你有缺点就讨厌你。就像那条能改善土壤的蚯蚓，绝不会因为自己的长相被一旁的花朵抛弃。

我也绝不会因为河狸花了好长时间才啃食了一小块木头而觉得它愚笨，不配得到我的爱。爱不需要和优秀画等号。我们每个人都值得被爱。

还有什么东西比爱更重要
呢？当我们的心里被爱填满，我
们才能勇敢地面对这世界上的一
切未知呀！

生活总是处处充满艰险。一只努力挖洞的穿山甲不会想到，摆在它眼前的困难，除了泥土，还有坚硬的铁锹。

一只散步的刺猬也不会想到，背上的尖刺有一天会被拔掉用来做成针织毛衣。哦，别以为那是我干的，我只是在想象这样令人难过的场景。

112

还有，那只饥饿的小猪怎么也想不到，
吃一块比萨填饱肚子竟然会这么难。

可是，即便体验了生活的艰难，我们还是要相信，在崭新的一天，自己会从梦想中醒来！

不要执着于我们以为的
那个世界——霸王龙和三角
龙并不是永远的敌人。

不要执着于我们看到的一切——
海面上漂浮的那座高山，也许只是一
只庞大的肉食恐龙棘龙的背帆。

119

我曾经以为天空是无法企及
的高度，可谁曾想到，我会借助
翼龙的双翼，翱翔于云端。

我曾经以为自己那么弱小，可谁曾想到，我也能托起地球上最强大的生命。

我曾经以为非洲是那样遥远而神秘，是一个我只能在地图上触摸的地方，可谁曾想到，我竟然去了辽阔的大草原，认识了小犀牛。

我曾经以为我永远走不到你的心里，可谁曾想到，我们成了这个世界上最好的朋友。

所以，那个我们以为永远都过不去的坎儿，随着时光的流逝，终究会被填平。

　　那些我们以为艰难的时刻，随着岁月的流转，也终究会过去。

也许有一天，我们还能在太空遨游呢！梦想不是只有先想到，才有可能实现吗？

走吧，霸王龙，让我们踩
着滑板，一路向梦想而去吧！

我们会像那只纸飞机吧，
虽然只有小小的身体，但能劈
开大大的阻隔！

我们会像那艘小船吧，
即便在浩瀚的大海上，也可以
勇敢地乘风破浪!

我们会像那只鲸鱼吧，
毫不犹豫地向那个坚定的方
向，纵身跃起！

我们，勇敢的我们，为了梦想，

即使要去幽深的大海又何妨！

霸王龙，我们去踢球好吗？

踢球？不是说要去实现梦想吗？

努力做好每一件事，用心度过每一分钟，就是在实现梦想呀！

是啊，有梦想的人生不需要从扛起一只巨大的象龟开始。那些不切实际的梦想，总是让我们忘记眼前真实的生活。

海星不会同意生活在我们的
画板上，只为了让我们的画无限
接近真实。

150

可怜的小狗也不会因为我给它画上黑白相间的条纹，就能像斑马一样在草原上驰骋。

当然，我最好也别指望举起两把雨伞，就能像蝙蝠一样飞翔。梦想需要大胆的想法，更需要脚踏实地的努力。

所以，我想我得不停地锻炼身体，能追得上袋鼠，那么有一天就可以让袋鼠当我的坐骑。

我得努力学习烹饪技术，
征服狼的胃，那么有一天就可
以真正驯服这头可怕的猛兽。

如果我能说服陆龟多锻炼一会儿，说不定我会有一辆全世界独一无二的车。

160

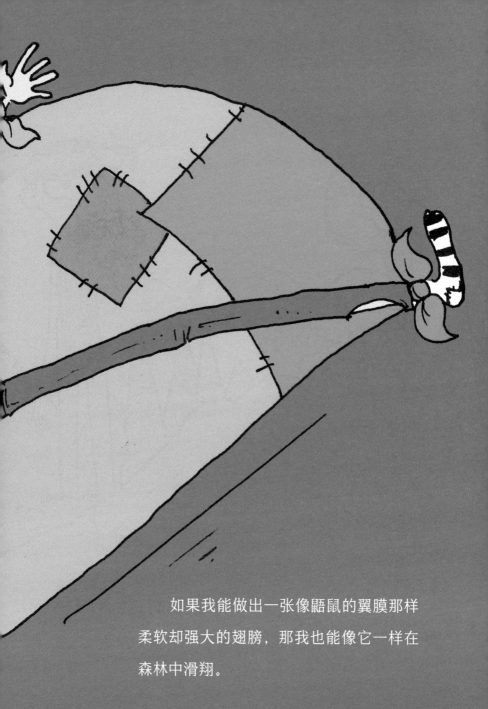

如果我能做出一张像鼯鼠的翼膜那样
柔软却强大的翅膀，那我也能像它一样在
森林中滑翔。

你也许觉得这些梦想听起来跟之前那些不切实际的想法没什么两样，可是你忽略了我为实现梦想而设计的那些努力的道路。它们让梦想不再只是幻想。

我想我不仅会为了自己的梦想而努力，当朋友们需要我时，我也愿意尽自己的一切努力。你要相信，我的行动比我所说的话更漂亮。

　　即便是在寻找食物这样简单的事情上，我也愿意帮助它们。毕竟对于食蚁兽来说，能不为觅食发愁是它们最大的梦想。当然，这件事情就算有我的参与也不一定会顺利。

我会为那只可爱的小鼹鼠建造一个漂亮的家。这种需要力气的活儿，还是由我来做好了。可是它为什么能从另一个洞里钻出来？

如果你需要我，你就尽管开口。因为你是我的朋友，我愿意倾听你的话，然后和你一起想办法度过那些艰难的时刻。只是，有时候连你都会觉得我的办法实在出乎意料。

好吧，我承认有时候我
会搞砸。可是你从来都没有
怪过我，因为你说你感受到
了最真挚的爱。

这大概就是真正的朋友吧，永远会在彼此需要的时候出现，永远知道对方心里真正想要的是什么。就仿佛现在你拿走我的拼图，可我并没有责怪你，因为我知道你只是想让我停下来陪伴你。

当你看着鸡毛掸子，假装害怕的时候，我也没有拆穿你。你撒娇的方式只有我最懂。

我会陪你玩一些幼稚的游戏，然后假装被你打败。要承认自己输并不是一件容易的事，可是在你面前，我愿意做那个失败者。

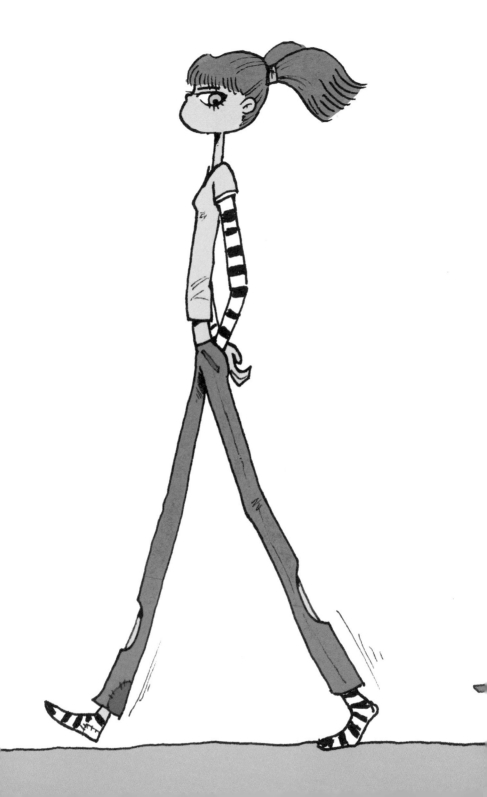

我们虽然是最好的朋友，但也是独立的个体。我们不需要为彼此改变自己。所以，我们看起来是那么相似，却又完全不同。

也许大多数时候，我的生活显得有点儿异常。我会盯着那些讨厌的蟑螂好好想一想，究竟要不要给它们点儿颜色瞧瞧。

　　我会做一个河马纸偶，一边和河马逗趣，一边胆战心惊。

我会趁眼镜蛇不注意的时候，在它的身上画一张比它还丑的脸，然后等快要被它发现的时候，我再拼命逃跑。

是的，我爱冒险，这是我选择的生活。我没准备以此来锻炼我的意志和品格，我只是单纯地热爱这样的生活方式，就像你爱平淡的生活一样，没有区别。

有时候，我也喜欢那种平常的日子。跟马鞍毛虫一起趴在地上，就像变回婴儿一样。

或者跟狐蝠一起挂在树上，
这没什么特别的意义，我只是觉
得这样舒服自在。

选择冒险还是平凡的生活并不重要，重要的是我们能够自由地选择。

在我的世界中，我自由地做着自己，有
时候调皮，有时候乖巧。我们就像硬币一样，
本来就是矛盾的个体，总有正反两面。

我希望无论自己是怎样的，无论自己过着怎样的生活，我都能欣然接受，然后充满力量地去寻找更好的自己，以及更好的生活。

我是关关，一个不知道怎么形容，但永远可以做自己的女孩。

图书在版编目（CIP）数据

我有一只霸王龙外传.关关的世界/杨杨文；赵闯绘.—青岛：青岛出版社，2022.11

ISBN 978-7-5736-0469-9

Ⅰ.①我… Ⅱ.①杨… ②赵… Ⅲ.①恐龙—儿童读物

Ⅳ.①Q915.864-49

中国版本图书馆CIP数据核字(2022)第169569号

WO YOU YI ZHI BAWANGLONG（WAI ZHUAN）：GUANGUAN DE SHIJIE

| | |
|---|---|
| 书　　名 | 我有一只霸王龙（外传）：关关的世界 |
| 作　　者 | 杨杨（文）　赵闯（绘） |
| 出版发行 | 青岛出版社（青岛市崂山区海尔路182号） |
| 本社网址 | http://www.qdpub.com |
| 邮购电话 | 18613853563 |
| 责任编辑 | 金　汶 |
| 装帧设计 | 蒋　晴 |
| 印　　刷 | 天津新华印务有限公司 |
| 出版日期 | 2022年11月第1版　2022年11月第1次印刷 |
| 开　　本 | 32开（880mm×1230mm） |
| 印　　张 | 6.5 |
| 字　　数 | 120千 |
| 书　　号 | ISBN 978-7-5736-0469-9 |
| 定　　价 | 26.80元 |

编校印装质量、盗版监督服务电话 4006532017　0532-68068050